Precious Appreciation

行家宝鉴

檀香

林滨　编著

海峡出版发行集团 THE STRAITS PUBLISHING & DISTRIBUTING GROUP | 福建美术出版社 FUJIAN FINE ARTS PUBLISHING HOUSE

图书在版编目（CIP）数据

檀香 / 林滨编著 . -- 福州 : 福建美术出版社 ,2015.1

（行家宝鉴）

ISBN 978-7-5393-3298-7

Ⅰ . ①檀… Ⅱ . ①林… Ⅲ . ①檀香科 – 鉴赏② 檀香科 – 收藏 Ⅳ . ① S792.28 ② G894

中国版本图书馆 CIP 数据核字 (2015) 第 008053 号

作　　者：林　滨

责任编辑：李　煜

行家宝鉴·檀香

出版发行：海峡出版发行集团

福建美术出版社

社　　址：福州市东水路 76 号 16 层

邮　　编：350001

网　　址：http://www.fjmscbs.com

服务热线：0591-87620820（发行部）　87533718（总编办）

经　　销：福建新华发行集团有限责任公司

印　　刷：福州万紫千红印刷有限公司

开　　本：787 毫米 ×1092 毫米　1/16

印　　张：6

版　　次：2015 年 8 月第 1 版第 1 次印刷

书　　号：ISBN 978-7-5393-3298-7

定　　价：68.00 元

编者的话

这是一套有趣的丛书。翻开书，丰富的专业知识让您即刻爱上收藏；寥寥数语，让您顿悟收藏诀窍。那些收藏行业不能说的秘密，尽在于此。

我国自古以来便钟爱收藏，上至达官显贵，下至平民百姓，在衣食无忧之余，皆将收藏当作怡情养性之趣。娇艳欲滴的翡翠、精工细作的木雕、天生丽质的寿山石、晶莹奇巧的琥珀、神圣高洁的佛珠……这些藏品无一不包含着博大精深的文化，值得我们去了解、探寻和研究。

本丛书是一套为广大藏友精心策划与编辑的普及类收藏读物，除了各种收藏门类的基础知识，更有您所关心的市场状况、价值评估、藏品分类与鉴别以及买卖投资的实战经验等内容。

喜爱收藏的您也许还在为藏品的真伪忐忑不安，为藏品的价值暗自揣测；又或许您想要更多地了解收藏的历史渊源，探秘收藏的趣闻轶事，希望这套书能够给您满意的答案。

Precious Appreciation

行家宝鉴

檀香

目录

第一章

何谓檀香

第二章

檀香的特征特性

第三章

檀香文化

第四章

檀香的鉴别与收藏

第五章

作品鉴赏

檀香

第一章

何谓檀香

第一节

檀香树

檀香树，又名檀香，是一种古老、神秘的珍稀树种，半寄生性常绿乔木。檀香树原产印度南方及印度尼西亚帝汶群岛。檀香树生长极其缓慢，通常要数十年才能成材。檀香树用途广泛，经济价值较高，集芳香、药用、材用植物于一身。檀香木、檀香树脂及蒸馏提取的檀香油可用于中药、雕刻工艺品和高级化妆品等。

一、檀香树的分布

自然生长的檀香树，原产于印度尼西亚、澳洲、美国夏威夷和太平洋岛国。如今的檀香木主要产地印度，并非檀香木的故乡，其品种是16世纪从印度尼西亚帝汶岛引种的。印度、印度尼西亚和澳大利亚是现在世界上檀香树的三大主产地。目前市场上的檀香木以印度南部的班加罗尔和迈索尔高原地区出产的最多。近几十年来，中国的福建、广东、广西、海南、云南等地也有小面积的引种与栽培，但未成材。

二、檀香树的生长环境

1. 适宜的温度

檀香树是热带、南亚热带植物，最适宜生长的气温在23℃～35℃。极端低温（-1℃以下）以及低温持续时间长短，是制约檀香树生长的主要因素。

2. 适中的雨量

年降水量600毫米~1600毫米的区域比较适合檀香树生长。但檀香树的生长环境最忌积水，即便是短期积水也会引起檀香树根系腐烂。

3. 适合的土壤

富含铁、磷、钾等营养，微酸性（PH值在5 ~ 6.5之间），疏松、透气的沙质红色土壤环境，是檀香树较佳的生长环境。檀香树根系主要分布在距地表0.2米~ 0.3米以内的土层，主根可伸达1米左右。

4. 般配的寄主

檀香树为半寄生性的小乔木或灌木。它的主根纵向深入不够，水平根系发达，依靠自己的根系吸收养分难以满足生长的需要，因此需要吸附在寄主植物的根系上面，吸取养分，保证自己的生长。与檀香木般配的寄主树木需要有发达的根系且水平根系较多，便于为檀香树发达的水平根系提供吸附条件；纵向根系发达，能够深入地层深处吸收水分与养分，供水平根系享用。因此，粗生、实生的树种是檀香树生长比较般配的寄主树木。檀香树的主要寄主有金凤花、苏木、扶桑、吊灯花、龙眼、珊瑚刺桐、栀子花等。幼苗及成长期必须寄生在凤凰树、红豆树、相思树等植物上才能成活。

第二节

从檀香树到檀香木

檀香树生长极其缓慢，是一种生长周期很长的树种。前 6 年生长较快，之后生长速度明显变缓。通常要数十年才能成材，成材高度一般为 8 米～ 10 米，口径达 20 厘米～ 30 厘米（小者 3 厘米～ 5 厘米）。在土壤肥沃、排水良好、寄主树种生长良好的条件下，六龄的檀香木树高可达 6 米~7 米，树径达 9 厘米~10 厘米。只有百年以上的檀香树方可满足制作小工艺摆件的要求，可以制作家具需求的檀香树则需要数百年以上。

清 檀香木雕人物图首饰盒（图片提供：中国嘉德）

同其他檀木类的木料一样，檀香木也具有“十檀九空”的结构特点，成材率仅在20%左右。檀香木的树皮和边材较厚且无香味，只有芯材会恒久散发清新柔和的香味，具有使用价值。因此一棵成材的檀香木实际能够使用的芯材部分只能占整个木材的50%左右。

顺便提一下，天然生长的檀香树，由于与寄主生长在一起，树距近、树杈交织、树叶茂盛、重叠，不易被辨认。檀香树很少有成片出现。所以茫茫林海里要觅得一棵檀香树着实不易。蟒蛇对檀香树散发出的气息有特殊的爱好，往往盘踞其中，给砍伐工人带来潜在的危险。

第三节

檀香木的贸易

马尼拉大帆船，承载两个世纪的东西方贸易历史

檀香树分布不广、栽种困难、产量有限，然而市场对檀香木的需求十分旺盛，导致它从古至今都是珍稀昂贵的商品。

中国人对檀香木推崇有加。“沉（香）檀（香）龙（涎香）麝（香）”是中国自古以来非常名贵的四种香料，可以说檀香木属于香料中的极品。中国仅在南方有少量生长，大量还是依赖主产国进口。香料贸易与丝绸贸易一般，是中国古老的国际贸易项目。

檀香木的贸易史历经从朝贡到贸易的过程。

檀香木因其珍贵，首先成为国家间互酬的国礼贡品。张燮在《东西洋考》里记载，宋朝时，占城（今越南中南部）、下港（今印度尼西亚万丹）、大尼（马来半岛北大年）等向朝廷进贡檀香木。明清时期，檀香木出产国需要进贡的贡品里，檀香木是重要的一个品种。

15 世纪“地理大发现”之后，全球从局域交往变为全球互通，商品全球化流通时代开启。檀香木是国际贸易肇起发端的重要货品之一。

16 世纪初，控制了马六甲的葡萄牙人知道帝汶岛盛产中国人推崇的檀香木，就费尽心机掠夺帝汶岛的檀香木，将其输入中国，牟取高额利润。张燮在《东西洋考》里记述：帝汶“沿山皆旃檀，至伐以为薪”，欧洲人“络绎而至，与商贸易”。在相当长的时间内，葡萄牙人享有帝汶岛檀木的专营权，直至后来葡萄牙与西方其他列强势力的消长——1785 年帝汶政府宣布废止澳门享有的檀香木交易的垄断特权，葡萄牙人的经营活动方告式微。

此后，荷兰人的东印度公司把此项买卖经营得风生水起。他们将东南亚的檀香木和胡椒等售往中国，换回丝织品等，通过贸易牟利。中国广州长期是当时中国进口檀香木的分销地。

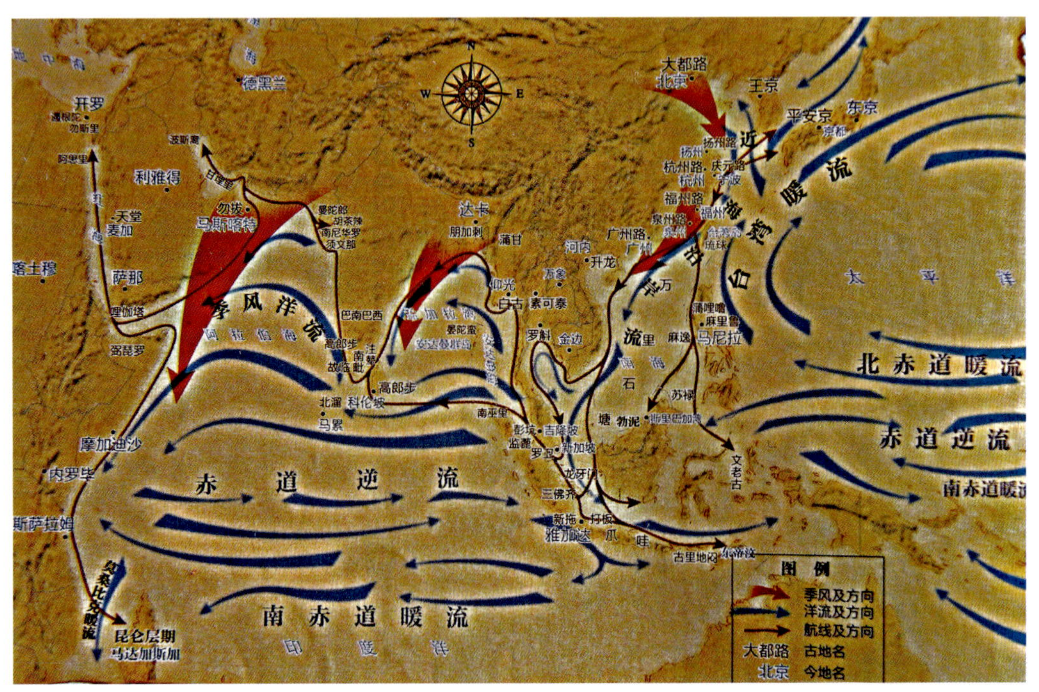

JADE 株式会社（日本美协）2014 拍品

1778 年，航海家库克“发现”夏威夷岛，后来者见到岛上檀香树林覆盖广，便开始了掠夺性地砍伐，并通过贸易运往中国获取巨额利润。19 世纪初，伴随夏威夷群岛檀香木贸易的隆兴，华人也大量移民这里，并把夏威夷群岛的火奴鲁鲁称为“檀香山”。

檀香木成为一般贸易品，大大增加了中国的檀香木拥有量。即便如此，通过国际贸易来到中国的各种舶来品因为经济不发达、交通工具落后，导致商品的价格畸高，依然是供小众消费的奢侈品。檀香木产量有限加上舶来交易，其价格都是非常昂贵的，因此也只有皇家和富贵人家才有能力拥有。价格不菲的檀香木料通过工匠经年累月的精雕细刻，给世人留下了令人惊叹的珍贵工艺精品。

在过去的 500 年间，贸易兴盛也给檀香木林带来毁灭性的破坏。1810 年在马贵撒斯群岛发现的檀香树料实际在七年中全部出口了；1830 年檀香树在夏威夷群岛上绝迹了；斐济群岛上的檀香树差不多在 19 世纪三四十年代被砍伐殆尽了。

正因为此，檀香树越发稀少，被作为珍贵的濒危植物列为全球重点保护对象。

现在，通过合理砍伐利用与有序贸易，檀香木依旧为国人所用。作为名贵木料，它为世人所珍视，所精心使用。

第二章

檀香的特征特性

第一节

檀香的材质

印度和印度尼西亚是檀香的主产国，市场上称印度檀香为“老山香”，其色深、味香浓，被认为是上品。“老山香”质量最好，价格也高。印度尼西亚檀香称“地门香”，产自帝汶岛，品质和价格低于印度檀香。

檀香木心材新鲜时浅黄褐色，日久变黄褐色至深褐色，边材浅黄色。其生长轮不明显或略明显。它属于散孔材，管孔极细，肉眼难分辨，放大镜下见多为单管孔，时有黄褐色内含物。木射

印度老山檀香　凤鸣盛世（图片提供：藏云堂）

线极细，放大镜下仅见。木材结构细，纹理直，有光泽，有油质感，有特殊而持久的香气；质地重硬，气干密度 0.85 克 / 厘米 ~ 0.90 克 / 厘米。

据报道，澳大利亚有 5 种檀香树，目前开发利用者主要是 2 种，他们是大果檀香和大花檀香，被称为“新山香”或“雪梨香”。

美国夏威夷岛有 4 种檀香树，曾因生产檀香而获“檀香山”称号。后因劳资纠纷和过量采伐，夏威夷岛的檀香树破坏殆尽，直到 1988 年才恢复少量生产，主要种类为滨海檀香，尚未到采伐年龄。

其他还有产于巴布新几内亚的巴布亚檀香、产于斐济和汤加的斐济檀香等。

第二节

檀香的分类

一、按植物分类学分

该属现有 16 个种和 15 个变种，主要有印度檀香、斐济檀香、大果澳洲檀香、大花澳洲檀香、新喀里多尼亚檀香、小笠原檀香、巴布亚檀香、伞花澳洲檀香、塔希提檀香、钩叶澳洲檀香、密花澳洲檀香 、智利檀香、榄绿夏威夷檀香、亮叶夏威夷檀香、垂枝夏威夷檀香、滨海夏威夷檀香等树种。

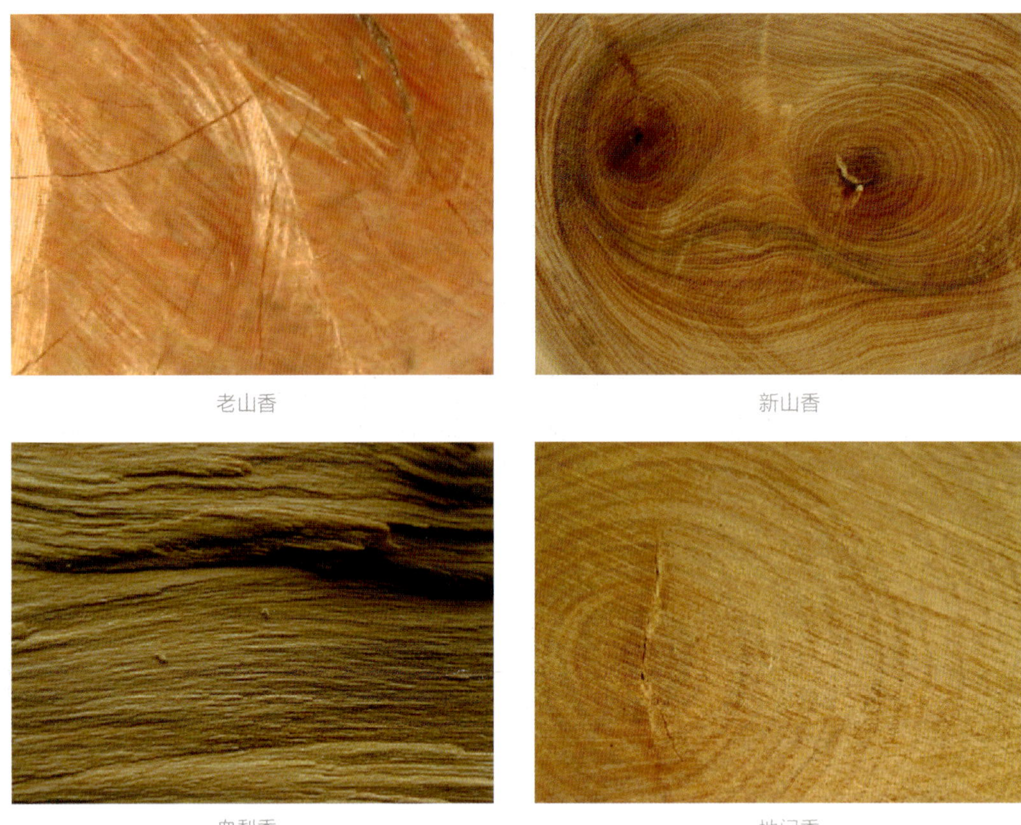

老山香　新山香

血梨香　地门香

二、按工艺界习惯分类

1. 老山香

老山香是指产于印度的檀香木。一般条形大、直，木材表面光滑、致密，香气醇正，是檀香木中之极品，亦称“白皮老山香”或“印度香”。

2. 新山香

新山香产于澳大利亚。条形较细，香气较弱。产于澳大利亚西部（称为西澳檀香）的大果澳洲檀香，市场上称为新山香；产于澳大利亚北部（称为北澳檀香）的大花澳洲檀香品质较差，通常作为新山产品以降低制造成本。

3. 雪梨香

产于澳大利亚或周围太平洋岛国的檀香，其中斐济檀香为最佳。南太平洋品种檀香（新喀里多尼亚檀香），市场上称为雪梨香，由雪梨港出口。

4. 地门香

地门香产于印度尼西亚及东帝汶，多弯曲且有分枝和结疤。爪哇檀香，为小型檀香品种，品质与印度相近，市场上称为地门香或帝汶香。

为了便于读者了解，列表格如下：

种类	产地	特征	品级
老山香	亦称白皮老山香或印度香，产于印度。	材色近似浅咖啡色，一般条形大、直，材表光滑、致密，香气醇正。	檀香木中的极品。
新山香	多产于澳大利亚。	条形较细，香气较弱。	略逊老山香，与雪梨香相当。
雪梨香	多产于澳大利亚或近澳大利亚的南太平洋岛国。	香气较老山香弱，颜色亦较老山香浅。	次于老山香。
地门香	多产于印度尼西亚和东帝汶。	浅咖啡色，弯曲较多，香味辛辣，多分枝、结疤。	次于雪梨香、新山香。

老山檀香佛珠 （图片提供：藏云堂）

檀香木雕人物摆件　翘首以待（作者：俞开明图片提供：福建东南拍卖）

第三节

檀香的种类特征

对于檀香木的物理特性，诸多资深人士都不吝将自己多年积累的经验，与大家分享。兹录其中介绍印度老山檀香木比较全面且有参考价值的一种说法。

第一，一般条形较大、多直、纹理通直或微呈波形甚至有纹理交错现象，纵切面有布格纹（木材学上叫波痕，像瓦屋上瓦片层层堆积状结构，又叫叠生结构）。

第二，芯材呈圆柱形或稍扁，生长年轮不大明显至不明显，树龄越大，年轮越不明显；纵向木纹不太明显至不明显，树龄越大，纹理越不明显。

第三，表面淡黄棕色，放置日久则颜色较深，转为黄褐色、深褐色以至红褐色。树龄越大，芯材色泽越深。

第四，外表光滑细致，或可见细长的纵裂隙。纵劈后，断面纹理整齐，纵直而具细沟；质致密而坚实，极难折断，折断后呈刺状。

第五，木材具油性，含白檀油通常为 2.5%～6%，根部芯材产油率可达 10%。

第六，粉末燃烧时，有浓郁的檀香气，具异香，燃烧时更为浓烈，性温、味微苦、微辛辣。黄檀香色深，味较浓；白檀香质坚，色稍淡。制造器具后剩余的碎材，称为檀香块，大小形状极不规则，表面光滑或稍粗糙，色较深，有时可见年轮，呈波纹状。以其为药材，以色黄、质坚而致密、油性大、香味浓厚者为佳。粉末淡黄棕色。

第七，质地坚硬、细腻、光滑、手感好，气干密度为 0.87～0.97 。按照色泽有人把老山檀香木分为：黄肉、红肉、黑肉。老龄檀香木密度大，油性足，颜色为深褐色，沉水，也有木材呈头沉尾浮的半沉半浮现象。

第八， 酒精浸泡测试，浸出色清淡，久之为红褐色，含檀香色素、去氧檀香色素，浸液不可以做染色原料。

第九，干材有划痕现象，可以持续在白纸或墙壁上像蜡笔那样划痕。

第十，香气持久、气味醇厚，与香樟、香楠刺鼻的浓香相比，略显清淡、自然，且有香甜味。放置时间过久，香味不甚明显，但用刀刮表面或以锯子锯开，香气依旧。

第十一，用利刃切削，薄切片卷曲；用刨子刨，刨花弯曲。

第十二，老山檀香木在密封下有絮状或粒状白色结晶体析出，但是这个不是判别檀香木的捷径。有人认为密封下有晶莹剔透的絮状结晶体析出可以作为鉴别绿檀的最直接有效的方法，但是红木等也有白色结晶体析出现象，这个说法可能不大可靠。

第十三，显微鉴定：①含晶厚壁细胞类方形或长方形，直径约至 45μm，壁厚，于角隅处特厚，木化，层纹隐约可见，胞腔内含草酸钙方晶；含晶细胞位于纤维旁，形成晶纤维。②草酸钙方晶较多，呈多面形、板状、鱼尾形双晶及膝状双晶等，直径 22μm～42μm。③韧型纤维成束，淡黄色，直径 14μm～20μm，壁厚约 6μm，有单纹孔。④纤维管胞少数，切向壁上有具缘纹孔，纹孔口斜裂缝状，少数相交成十字形。⑤具缘纹孔导管直径约至 64μm，常含红棕色或黄棕色分泌物。⑥木射线宽 1～3 列细胞，壁稍厚，具单纹孔。⑦管状分泌细胞有时可见，

细狭，直径在16μm以下，内贮红棕色分泌物。⑧黄棕色分泌物散在，类圆形、方形或不规则块状。此外，挥发油滴随处可见。

虽然这里是描述印度老山檀香的物理特性，实际上也能概括反映新山香、地门香、雪梨香等诸种的总体特征。略有差别的是：相比于老山檀醇正浓郁的香味，新山檀香味较清淡，香韵偏柔和绵长。

印度檀香　妈祖出巡（图片提供：龙禧艺苑）

第三章

檀香文化

第一节

中外檀香文化溯源

一、中国的檀香文化

檀香木材、工艺品输入我国已有 1500 年以上的历史，“旃檀”一名最早的文字记载见于俞益期《与韩康伯笺》，时间约在公元 361 ~ 371 年。俞益期是东晋 (319 ~ 420 年) 豫章 (今江西南昌) 人，曾到过交州 (今越南)，他将在当地的见闻写信告知豫章太守韩伯康，其中一节提到：众香共是一木，木华为鸡舌香，木胶为薰陆，木节是青木，木根为旃檀，木叶为藿香，木心为沉香。至南北朝梁代 (502 ~ 549 年)，檀香已载入陶弘景的《名

印度老山檀香　坐莲观音（作者：江晓　图片提供：福建东南拍卖）

医别录》，应用于医药。据《证类本草》引证：“陶隐居云：白檀，清热肿。”到了唐朝，檀香的应用已相当普遍。在唐朝苏敬等编撰的《新修本草》(659 年) 紫真檀木条目下，作者明确指出：“此物出昆仑盘盘国，惟不生中华，人间遍有之。”除了做香料和药物外，野史中还有杨国忠等贵族以沉香为阁、檀香为栏的记载。

“旃檀”一名虽然自梵文音译而来，但因借用了“檀”字，很自然地与我国早在《诗经》中已有记载的树木“檀”联系起来。2500 多年前的《诗经》里就有檀树和檀木的记载。《小雅·鹤鸣》中“爰有树檀，其下维萚”，描写了庭院中的檀树高又大的情景；《魏风·伐檀》中“坎坎伐檀兮，寘之河之干兮”，讲述了伐木者砍伐檀树，并将它们堆放在河边的情景；《大雅·大明》

中“牧野洋洋，檀车煌煌”，描述了用檀木制造的兵车，在宽广的牧野战场上飞驰的壮观景象。我国的历代诗文中描述今天所认识的檀香木的作品也不少。如唐代王建“黄金捍拨紫檀槽，弦索初张调更高”，宋代刘子翚“缕衣檀板无颜色，一曲当年动帝王”，宋代戴复古“手拍锦囊空得句，眼看檀板遇知音”，元代陈孚“龙帐银筝紫檀槽，怨入漳河翻夜涛”，明代翟佑“老大可怜人事改，缕衣檀板过湖湘”，清代吴梅村“偶因同坐话先皇，手把檀槽泪数行”，近代杨圻“檀板红牙今落魄，寻常风月最销魂”等。

以科学的态度记载檀香的历史也有1600年了。南朝宋末竺法真《登罗浮山疏》载：“旃檀，出外国。元嘉末，僧成藤于山中见大树，圆荫数亩，三丈余围，辛芳酷烈。其间枯条数尺，援而刃之，白旃檀也。”这个记载使人误认为我国南部也产檀香。苏颂在《本草图经》中肯定了《新修本草》关于檀香“出昆仑盘盘国，惟不生中华，人间遍有之”的观点，更进一步指出：“檀木生江淮及河朔山中，其木作斧柯者，亦檀香类，但不香耳。”他明确地把

檀香木雕人物摆件　酒足饭饱（作者：俞开明　图片提供：福建东南拍卖）

国产的檀木与产于昆仑盘盘国的檀香区分开来，文中所指檀香木应该是当时盛产我国南方的檀香紫檀。到了明代，随着航海事业的发展，檀香的来源也更为复杂。李时珍在《本草纲目》中引用《大明统一志》云："檀香出广东、云南及占城、真腊、爪哇、渤泥、暹罗、三佛齐、回回等国，今岭南诸地亦皆有之。"从现在的观点分析，其中爪哇、三佛齐即今印度尼西亚一带，是檀香的原产地，而其他地方可能指的是檀香紫檀或檀香的转销地。

檀香木在中国的应用历史十分悠久。历史典籍、文学作品中对檀的记述描绘不少，考古发现的实物是唐代的物品。1987 年 4 月，陕西扶风县法门寺唐代地宫出土的佛教创始人释迦牟尼 4 枚指骨舍利和数千件稀世珍宝轰动世界。据发掘报道，第一枚舍利即珍藏在唐懿宗供奉的八宝函之中。八宝函的最外层檀香木宝函。第三枚舍利藏于三重宝函之中，其第二层也为檀香木函。另外还有银棱檀香木函子等。这在同时出土的"从重真寺随真身供养道具及恩赐金银器物宝函等并新恩赐到金银宝器衣物帐"碑文中有记载。据史家考证，唐

法门寺八重宝函

第三枚佛指舍利是在地宫后室北壁秘龛内发现的。舍利装在一只铁函内，发现时铁函已锈迹斑斑的，打开铁函，里面是一枚 45 尊造像盝顶银函，上面放着两枚硕大的水晶随球，还有二枚雕花白玉指环、二枚雕花金戒指、一串宝珠、数条绣花绸绢。45 尊造像盝顶银函为正方体，长、宽、高各 17 厘米，函盖、函身雕工极为精致。函身下沿錾刻"奉为皇帝敬造释迦牟尼真身宝函"。银函内放置银包角檀香木函，函顶、函身均包裹银雕花包角，以平雕加彩绘手法雕满各种花卉。上系银锁、钥匙一副。

印度老山檀香　吉祥如意（图片提供：善人之艺）

咸通十四、十五年 (873 年、874 年），唐懿宗、僖宗亲自迎送佛指舍利于法门寺博物馆。另据江苏省淮安县博物馆报道，1987 年江苏淮安县发掘了明代王镇夫妇合葬墓。男墓主葬于弘治九年 (1496 年），椁、棺均为檀香木制作；女墓主葬于弘治十六年 (1503 年），椁、棺为杉木制作。出土时，檀香木制的男椁、棺完整无损，棺内尸体也保存完好，毛发均未脱落，肌肉有弹性，关节能活动，而杉木制的女椁、棺和尸体均已腐朽，仅存骸骨。能用檀香制棺、椁，说明当时我国进口檀香的数量已相当多了。

在中国古代日常生活中，檀香木常为药用。早在 1500 年前的南北朝时期，著名医学家陶弘景就把檀香当作药材来使用。李时珍在《本草纲目》记述了檀香木的种类、药用功效和分布情况。中医认为檀香木有理气温中、和胃止痛的功效，谓之 “辛温、归脾、胃、心、肺经，

老山檀香佛珠（图片提供：藏云堂）

行心温中、开胃止痛”，主治脘腹疼痛、噎嗝呕吐、胸闷不适等。

在中国 2000 多年的用香历史中，从上流社会到市井百姓，对香道推崇有加，而檀香因其与生俱来的名贵性，为宗教界、帝王将相、达官贵人所享用。

在中国史料记载中，极少提及檀香油，这与我国当时香料、香水工业发展落后应该有极大的关系。

二、国外的檀香文化

中国人耳熟能详的檀香山，就是美国的夏威夷。夏威夷因盛产檀香木而闻名于世，并被人称为“檀香山”。历史上第一个统治夏威夷群岛的是卡米哈米赫国王，他从 1778 年开始逐步征服夏威夷群岛各岛，直到 1810 年完成统一大业，完全统治了夏威夷群岛。18 世纪 80 年代，英国人发现了这里有大量广受欢迎的檀香木，便大肆砍伐，销往世界各地。卡米哈米赫国王深知檀香木的价值，竭尽全力予以保护，最终却无力阻止内外势力的疯狂采伐，抱憾离世。在米哈米赫国王眼里，檀香木具有生态的价值和财富的象征。只可惜，檀香木林在夏威夷群岛因为人为砍伐而绝迹，其生态价值不能继续发挥作用，而其财富的价值不断被放大而凸显。

在国外，檀香木富有香料文化的内涵。檀香木主产国印度使用檀香香料的历史非常悠久，檀香香料多被用来表明使用者身份之显赫与尊贵。《大正新修大藏经》卷三十二里记载有："牛头旃檀，磨以涂体，其香远闻。"《简明大不列颠百科全书》里说："檀香木磨碎制成膏糊，用以标志婆罗门种高贵的身份。"

欧洲的香水文化底蕴深厚，最早的香水文化可追溯到古埃及人。埃及人用香水来祭祀，他们发明的可菲神香，可称得上是人类最早的香水，但当时并未发明精炼高纯度酒精的方法，所以准确地说，这种香水应称为香油。希腊人把香水神化了，认为香水是众神的发明，闻到香味则意味着众神的降临与祝福。在古代波斯，香水是身份和地位的象征。公元前 1500 年，香水的使用已日趋普遍，埃及艳后经常使用 15 种不同气味的香水和香油来洗澡，甚至还用香水来浸泡她的船帆。在世界其他地区，特别是在中国，人们早已学会运用香料的芬芳来实现对美的追求。香水在欧洲盛行要归功于 11 世纪的十字军东征，战争给欧洲带来了灿烂的东方文化，随着东西方贸易的不断加强，香水这种悦人悦己的产品，逐渐为欧洲人所接受和喜爱。14 世纪，匈牙利制造出第一批现代香水，它由一种香精和酒精混合而成。在丰富多彩的香水文化里，高贵檀香木提取的香水，因其香味纯正清香、没有特殊异味和刺激性，而被视为顶级香料。

檀香木的珍稀性以及所散发出独特而纯正的芳香，也被有檀香木资源国家的皇室成员所喜爱，成为皇室文化的一个内容。在东南亚国家，如老挝等国家，檀香木被用于建造楼阁，以彰显高贵；檀香木工艺品也被视为宝物。

尼泊尔檀香木窗格

印度老山檀香　八仙（图片提供：藏云堂）

第二节

多元的檀香文化

檀香树是珍稀的树种，生长区域小、生长环境特殊、生长周期长。自然的特性，加上人类对檀香木的发现、开发与利用，檀香木很快被赋予特殊的价值。

檀香木的文化内涵很多，主要有以下几种说法：神圣之木、尊贵之木、珍稀宝木、连理之木。

一、神圣之木

檀香树与佛教结缘几千年，有“神圣之树”一说。据《大唐西域记校注》记载，释迦牟尼的弟子想念外出布道的佛祖，请人临水绘其形，并照画用檀香木雕其像，使其形象留存人间供大家共同瞻仰。第一尊佛像便是用檀香木雕塑而成，被称为牛头旃檀佛。玄奘撰《大唐西域记》有专条记述憍赏弥国刻檀写真像事：“（憍赏弥国）城内故宫有大精舍，高六十余尺，有刻檀

印度老山檀香　持莲观音（图片提供：藏云堂）

佛像，上悬石盖，邬陀衍那王（唐言出爱，旧云优填王，讹也）之所作……初如来成正觉已，上升天宫，为母说法，三月不还。其王思慕，愿图形像，乃请尊者没特加罗子，以神通力，接工人上天宫，亲观妙相，雕刻旃檀。”（玄奘游历憍赏弥国，所见邬陀衍那王刻檀佛像，即是旧时所称的优填王像，正确的说法应是优填王造释迦像，或如《冥祥记》和《高僧傅》称作的“优填王画释迦倚像”。玄奘携归的优填王像后置弘福寺，是为唐代优填王造像的祖本。）信徒们因为享受了檀香木佛像挥发飘散出的香氛，认为达到了与神灵息息相通、相互聆听的目的，所以佛教界把檀香木当做最好、最有灵性的材质，檀香木佛像也被认为是佛像的珍品、极品。两千多年来，不计其数的佛祖造像均在牛头旃檀佛佛像的基础上，进行加工、变化、演绎与创新。

檀香木被各宗教的奉者崇信，佛家习惯称“旃檀”，意为“与乐”；在伊斯兰教国度，习惯在逝者脚部燃檀，借由香气引领死者魂魄、平静生者心灵。

二、尊贵之木

古今中外，皇室多被认为是无与伦比的尊贵之地。皇族所钟爱的物品，无形之中被赋予了崇高的地位。中外皇族所钟爱的檀香木也不例外，获得了尊贵的身份。

在古代中国，有多个朝代的皇帝对檀香木钟爱有加。南北朝时期，陈朝的后主陈叔宝不理国事，却追求奢靡之风，建造亭台楼阁时，大量使用了檀香木。据《建康实录》记载：至德二年（584年），于光昭殿前建临春、结绮、望仙等三阁，阁高数丈，并数十间。窗户、户壁、栏槛皆以昂贵典雅檀香木为之，又饰以金玉珠翠，外施珠帘，内有宝帐。……每微风一至，香闻千里。以檀香木为装饰，虽是富贵，实是奢靡。

隋朝亡国之君隋炀帝杨广对檀香木也是十分喜爱。据说他以檀香木制成作战沙盘；甚至为了讨萧皇后欢心，每日燃烧檀香木取乐；在日常的装饰与生活用品中也大量使用檀香木。

唐朝时期，檀香木被认为能消灾避邪，其香味可以治病。据说，唐太宗李世民在除夕之夜，在长安城里空旷处大量燃烧檀香木，檀香木香可笼罩城邑，香飘百里。

宋徽宗不爱江山、不理朝政，独爱艺术。他富有艺术情趣。除了用檀香木等名贵木材修建亭台楼阁外，还用檀香木制作家具、雕刻各种工艺品。据说，宋徽宗看了当朝张择端绘制的《清明上河图》后，嘱人用最好的材料将长卷装裱并保存起来，其手下重臣就是用檀香木制作了画轴与盒子，将这幅传世名作保存起来。

明代郑和下西洋，远航返回用大量檀木压船，以抵御风浪。明朝留下大量用檀木打造的家具。由于从国外运进了大量的檀香木料，因此明代皇室建造楼阁、制作家具多使用大料。

至清朝，虽然大的木料留存不多。清皇室为了彰显其气度恢弘，所打造的家具讲究大料，形成沉稳的风格。但因为大料存货不多，皇室也将其视为珍贵之物，小心使用。在清王朝，最珍贵的檀香木制品有两类，一是历代皇帝使用的印章，二是皇室拨款在雍和宫建造的檀香木佛像。康熙皇帝有三方檀香木大印，一方是“育德勤民”大印，一方是“九有一心”大印，还有

清　康熙育德勤民檀香木印

清　檀香木宝玺

清　康熙檀香木瑞兽“贵妃之印”

一方是康熙谥号大印——“合天弘运文武睿哲恭俭宽裕孝敬诚信功德大成仁皇帝”；慈禧太后晚年喜好舞文弄墨，用檀香木制作了很多的宝玺，她死后的谥宝也是用檀香木做成的方印。乾隆皇帝在位期间修缮扩建了北京雍和宫，为雍和宫竖起了一尊檀香木雕刻的佛像。此外，皇室用檀香木打造了大量的家具、工艺品、佛珠，并在重要的节庆、佛诞等时刻燃香事佛。

在国外，不少由皇室用檀香木建造的建筑遗存至今为大家所参观瞻仰。尼泊尔历史名城帕德岗，建于公元 389 年。1427 年马拉王朝国王建造了一座四层砖木结构的宫殿，其中有 55 扇窗户用檀香木打制。这些窗户，构思巧妙、雕工精细，是尼泊尔木雕工艺的代表作之一。这组窗户散发着檀香木的高贵馨香，防虫蛀，起到避邪作用。建于 1904 年老挝王宫，现在是对公众开放的国家博物馆，王宫里支撑宫殿的柱子和大梁选用了千年的檀香木，宫内的家具也多为檀香木和楠木制品，还有许多艺术高超檀香木工艺品陈列与摆设其间。

三、珍稀之木

檀香木的自然特性直接为其带来了珍稀之木的文化内涵。檀香木，属热带植物，在全球分布不广，多生长在湿热地区，数量少；成材不易，能用以制作为工艺品及家具的材料，均须百年树龄；檀香木是寄生树种，天然生长的檀香木与寄主树相伴相生，难以发现，加上淹没在林木中，采伐十分不易。这些特性，直接导致市面上檀香木料供应十分有限。再加上人类几百年来的使用，直接导致它成为濒危植物。因此，无论是匠人还是珍藏者都视之为珍稀之木。

四、连理之木

檀香树的生长过程，与寄主树相伴相生。这种自然现象具有“连理相生”的寓意。因此，檀香木在流传与使用过程中，这个寓意独具光彩，被赋予夫妻“连理之木”的内涵。

印度老山檀香　雪山大士（图片提供：藏云堂）

第三节

檀香的佛缘

佛教起源于 3000 多年前的印度。檀香木的使用与佛教的发展、传播十分密切，两者的关系源远流长。檀香在佛教中具有崇高的地位，不仅是佛教文化传播的重要载体，而且在佛教发展历程中起了至关重要的作用，成为佛（菩萨）与信徒之间精神上沟通的重要载体。

檀香木的木质特点、气味特点，被认为具有沟通佛祖与人间的作用。在佛教典籍里有檀香木的记录，也演绎了檀香木的特殊作用。像《大正新修大藏经》（卷三十二）里记载："牛头旃檀，磨以涂体，其香远闻。"在《贤愚经》（卷六）里记述了一件檀香与佛陀结缘的故事：长者富奇那用檀香木盖了座旃檀堂，礼请在祇园居住的佛陀居住。富奇那焚檀香等待，香飘十里，在佛陀头上降落，形成"香云盖"。佛陀寻香来到旃檀堂。此段传说直接奠定了佛教中以香敬佛的缘起。依此，塑造佛像用檀香木、与佛沟通燃檀香木，成为佛教界公认的礼仪法规。据北魏

印度老山檀香　飞天宝盖观音（图片提供：善人之艺）

印度高僧菩提流翻译的《佛说佛名经》里载，许多佛、菩萨的名号就是以檀香命名的，如南无旃檀佛、南无须弥旃檀佛等等。不少佛经就是以檀香命名的，如南朝萧梁时期僧祐撰写的《出三藏记集》这一中国现存最早的佛典目录里就记录一些用檀香命名的佛经——《栴檀调佛经》《栴檀树经》《分栴檀王经》等等。广而化之，檀香就成为佛教的代名词了。

在佛教东传中，檀香是佛教文化的重要载体。无论是佛教用品还是佛教文化都刻上檀香的烙印。佛教供奉用品，如佛像、佛像盒（佛龛）、佛塔，多是用檀香木打造的。在佛教中，檀香木是佛像的第一选材，它比玉石、黄金等材质品级还高。在佛教中，佛祖的塑像所参照的佛像是牛头旃檀佛。此点在前述檀香木文化时介绍其所具有“神圣文化”的特性时已作介绍。早在中国的汉唐时期，檀香盒就被大量用于安放佛像的佛龛、贮藏佛菩萨妙像的香盒。在《东林寺碑并序》里就有“旃檀之龛，吹芬芳而馝馞，相事毕集，微妙绝时”的记载。《杜阳杂编》里就记录了唐文宗皇帝用檀香盒装菩萨妙像一事。用檀香木建造七层佛塔则在古代中国比较普遍。用檀香木供养佛塔北认为有殊胜的功德——不仅可以获得无量的财宝，而且还可以让人获得幸福。但遗憾的是，檀香木佛昙现无遗存存留。

佛教的法事活动中，檀香则是重要的材料。檀香是寺院常烧之香。白居易的诗作《游悟真寺诗》中就有这样记述：“次登观音堂，未到闻檀香。上阶脱双履，敛足升净筵。”寺庙所焚檀香，除了直接点燃檀香薄片、檀香丸等香品外，还有印香（印香是把檀香末用磨具压制成文字或图案形状使用）。印香在中国古代佛教祈雨仪式中具有重要的作用。值得一提的是，中国古代十分注重佛教的戒律仪式，常采用檀香制成的香水浴佛像。在《大正新修大藏经》卷十六中记载："若浴佛像时，应以牛头栴檀、白檀、紫檀、沉水、熏陆、郁金香、龙脑香、零凌、藿香等，于净石上磨作香泥，用作香水，置净器中。"此外，檀香木还被制作为香炉、供品盒、经书书轴等。这里说一下檀香木书轴，僧侣或信奉佛教的人士以"以檀香为轴，表带及并函"，当经书归还寺院时，还有异香，以此与佛祖沟通。

佛教徒的日常用品，如锡杖、佛珠，多用檀香木制成；高僧的法衣紫色袈裟也用檀香薰香。

老山檀香佛珠（图片提供：藏云堂）

Precious Appreciation

行家宝鉴

第四章

檀香的鉴别与收藏

第一节

檀香的鉴别方法

檀香木神奇的自然特性与丰厚的文化内涵吸引了各行各业人士的目光，许多人在感受与欣赏之余，往往希望收藏或珍藏一些檀香木料及檀香木工艺品。这种愉悦与审美应该是在了解檀香木特性与檀香木文化内涵前提下获得的。因此懂得檀香木的鉴别尤其重要。

檀香木的鉴别通常包含三个层次：首先，是鉴别木料是否为檀香木；其次，是判断檀香木是老料还是新料；最后，是鉴别檀香木是老山檀香还是新山香。

鉴别檀香木，最科学的方式是依据檀香木的物理特性，借助科学仪器运用科学的方法来鉴定，得出结论。这种方法虽然准确稳妥，但在实际中，可操作性与普及性不强。从某种意义上说，准确有效地鉴定出檀香木的身份，也是收藏的乐趣之一。如何做到呢？在采访中，业内人

士从檀香木的材质特征入手，巧妙地借用了中医学中的“望、闻、问、切”手段作为鉴别的方法。兹略述如下：

“望”，即看木料的表面特征，可从颜色、光泽等方面着手。首先是“望”，即看木料的表面特征，可从颜色、光泽等方面着手。檀香木的颜色为淡黄棕色，放置时间长便成黄褐色、深褐色乃至红褐色；檀香木的油性好，一般都有较好的光泽度。值得注意的是，檀香木新材生长年轮和纵向木纹不太明显甚至是不明显，树龄越老越不明显。“望”可以说是最基本的步骤，但也不能理解为第一个步骤。所以这里也不能简单地认为不具备以上表面特征的木材就肯定不是檀香木，尤其在面对有可能是老料檀香木时更要留心，以免犯下大错。

“闻”，即品味檀香独具的香气香味香氛。檀香木是被人们发现的制造香料的极好材料。它具有香气持久、气味醇厚的特点，带有香甜味，给人以宁静而内敛的感觉。若藏友说道“檀香气霸”，实际上并不是一种褒扬。檀香的气味随着时间的沉淀，气味不断化境，逐步达到醇和的状态。砍伐后放置二三十年后檀香木的香气形成醇正、柔

和、温暖而香甜的持久木香。

“问”，实际上是通过交流，掌握必要的信息，为自己鉴别和直觉服务。在交流过程中，有必要了解檀香的产地。檀香的产地直接决定了其质量的高下。宾主双方的交流可以进一步强化对所关注的檀香木的特性的了解，通过将交流中掌握的信息与自己所观察到的信息比照，得出更客观、更准确的判断。

“切”，即通过触感与相关手段加以判定。“掂”和“摸，是有效的方法之一，即掂量木材的分量，并感受其触摸的手感。好的檀香木分量比较重，入水会沉；由于它的油性好，所以触感光滑细腻。制作工艺精良的家具或工艺品触摸起来无比顺滑。顶级的檀香木有包浆后会呈现出晶莹剔透有如犀牛角般的质感。当然“掂”和“摸”的结果也不是判断是否属檀香木的绝对标准。其实也就是说，檀香木的鉴别最好不要以单一的特征下判断，应综合考虑。

以上这些办法，直接、亲密地感知木料，一般可判断出木材是否属于檀香木。但又不得不承认的是，木材市场错综复杂，在利益的驱动下，作假、作旧的陷阱无处不在。有时即使你以为已经很好地掌握了关于檀香木的基本鉴别方法，也仍然会犯错、吃亏。

目前市场上冒充檀香木的木料主要是采用檀香属其他木材或不同科属但外表近似檀香木的木材；也有使用白色椴木、柏木、黄芸香、桦木等木材经浸泡或喷洒人工香精后冒充檀香木。因此，我们必须保持谨慎，同时又要通过不断历练，积累起丰富的鉴别经验，这样才能不断提高檀香木的鉴别能力。

关于檀香木老料与新料的鉴别，要了解的是新料的密度、油性等都不如老料的好。檀香木新、老料的鉴别需要更加丰富的实战经验。可以说，要想在这方面成为行家，吃亏应是避免不了的。

印度老山檀香　十八子弥勒的局部（图片提供：善人之艺）

第二节

檀香收藏的内涵

一、檀香木收藏的审美内涵

收藏檀香木除了是对其木料特性的喜欢之外，欣赏、品味着眼点应在领略它的材质之美、醇香之美、颜色之美与文化之美。

1. 材质之美

檀香树非经历百年不成材。檀香木料的材质突出特点就是“木质优良，软硬适中；柔而不媚，强而不悍；韧而不刚，贤而不弱；虫蚁不蛀，千年不腐”。

2. 醇香之美

檀香木是自然的恩赐，其香清宁隽永，“凉爽芬芳，提神降躁，内敛宁静，启迪心灵，恒久散香”。

印度老山檀香　天官赐福的局部（图片提供：善人之艺）

3. 颜色之美

颜色深黄，自然袒露。以黄为主，黑褐点缀。色随线变，辉映有序。丰富不单，浑然一体。明快大方，皇家气派。

4. 文化之美

檀香木所蕴含的多种文化意蕴，包括神圣之木、尊贵之木、珍稀之木、连理之木等文化内涵，前文已经详述。在收藏与品鉴檀香木各类制品时，细细品味，必会得到提升。

二、檀香木工艺品的技艺内涵

檀香木是一种珍贵且具有自己特性的木料。把玩与收藏檀香木工艺品、檀香木制品时，应该了解其技艺特色，以求通过丰富对檀香木本质的认知，增加鉴赏与收藏的分量。

因檀香木之珍贵、所承载的文化内涵之庄重，制作工艺品时，多采用“精微透雕”的工艺，或精心处理花鸟雕刻，或匠心独运雕刻人物与情境。采用“精微透雕”技艺创作的作品构图丰满、形象逼真。粗犷处大刀阔斧、遒劲有力，细微处道法精绝、不绝如缕。

有艺人根据自己的创作实践，进一步提炼出自己对檀香木雕刻的技法理解。在此予以收录，

印度老山檀香　王母祝寿的局部（图片提供：陈文革）

聊备一格：一是留皮，即合理利用中国雕刻门类中独特的表现手法——留皮，将檀香木原生材的质感与美感还原出来，使其肌理与皮层产生的各类节眼得以巧妙处理，提高作品的情趣；二是顺丝，即巧妙地顺着檀香木的木纹肌理进行雕刻创作，使木料的肌理油腺得到最大限度展示，呈现出轻盈坚实的效果，并适于把玩；三是攒斗，即为克服檀香木体块不够的缺憾，巧妙地通过攒斗拼接，形成合色效果，带给人新奇的视觉效果与香气氛围；四是顶天，即最大限度地使用檀香木的体块大小，努力保留檀香木料原色特色。

木雕的传统工艺与结合檀香木木料特性衍生出独特处理方式，让檀香木工艺品焕发出精妙独特的技艺内涵。

印度老山檀香　举钵罗汉（图片提供：藏云堂）

第三节

檀香木雅玩、家具的收藏与保养

一、香道

中国用香的历史源远流长。宋人丁谓说：“香之为用，从上古矣。”好香为天性使然，香之特性，食之有味，闻之养性，既能祀先敬佛，邀天集灵，又能驱移致洁，养生疗疾。两千多年来的上层社会始终对香推崇有加，大量甚至奢侈地使用。帝王将相如此，随之，文人墨客、僧道大德，乃至市井百姓，也争相效仿普遍使用。用香对古代的社会生活产生不小的影响，这种影响延续至今，发展为香道，而成为各界人士雅玩之一。

香道是通过眼观、手触、鼻嗅等品香形式对名贵香料进行全身心的鉴赏和感悟。檀香是香道的传统主流用香，檀香香味浓郁飘逸，被大众广泛接受并喜爱。在各类型的檀香中，印度老山檀，味道纯净芳香，带有檀木特有的浓郁奶香气息，是檀香中的极品；东加檀，香味扑鼻，

奶香味比较淡，却有明显的甜味，它是提炼檀香精油的主要原料；澳檀，又称新山檀，香味淡雅清新，没有奶香味，余味偏甜；印尼檀，又名香檀，香味偏甜，浓郁的异国情调，类似常见的印度香，是制作香水香精的原料。

二、檀香扇

在百度百科上这样介绍檀香扇：“檀香扇，汉族特色手工艺品，用檀香木制成的各式折扇和其他形状的扇。檀香木，又名旃檀，白者白檀，皮腐色紫者紫檀，木质坚硬。檀香木制成檀香扇具有天然香味，用以扇风，清香四溢。”檀香扇由折扇演化而来，扇骨采用檀香木制成，故名檀香扇。檀香木极香，故一扇在手，香溢四飘，有“扇存香在”之誉，盛暑可以却暑清心，入秋藏之筐中，有香袭衣衫、防虫防蛀之功效，保存十年八载，依然“日日花香扇底生”。

檀香扇的艺术精华在于扇的制作。檀香扇的制作工艺分为开料、锯片、拉花、烫花、雕花、组装等，多达 14 道。其中，最为核心的工艺是拉花和烫花。

收藏檀香扇要特别注意温、湿度，如果湿度低、干燥、阳光强 , 它就容易裂、变形；反之，温湿度高则霉菌容易滋生。所以一定要把扇子放入通风，防晒的地方。

三、文房用具

中国自古有 “小器大雅”之说。檀香木因其珍贵，更为世人珍爱，工艺美术界秉持尊重原料和工艺上精益求精，打造出文房用具，为文人骚客创作营造出别样的高尚与雅致。

文，指文房清玩；具，指箱匣一类的器具，即存置文玩的器物。明清时，檀香木被大量用于制造家具和文房清供，如几案、书桌、画案、笔筒、笔管、砚盒、文具匣、香扇、印等。这一时期的檀香木制品，或依其天然形状略加雕琢、或精雕细刻，纹样繁多。剩下的边角料则用作书房熏燃的香料。清代康熙和乾隆两位皇帝，都酷爱书法，他们写字的毛笔笔管多用檀香木制成，笔管装饰精美，有镂雕、彩绘等。

四、木雕摆件

在佛教典籍中，对檀香木多有记载，并赋予神圣的寓意。檀香木被认为是“佛祖的使者”。

印度老山檀香　如意罗汉（图片提供：藏云堂）

所以檀香木摆件很多是反映宗教题材的。

宗教题材的作品为反映出其所具有的神圣力量，往往环境繁复、人物众多。这样给创作者提供了广阔的创作空间的同时也要求创作者具有精湛的工艺。檀香木料的珍贵，又使创作者始终保持着一种谨慎认真的态度。这些因素促使创作者保持虔诚、精益求精的态度创作，奉献出巧夺天工的作品。

木雕通常都是作为装饰摆件，一般稍大一点的物件大部分的时间都是摆放在厅堂或文房，小一点的物件才有机会常常上手把玩，但木雕摆件的保养常容易被忽略。所以在这里要提醒收藏爱好者，檀香木的香味具有很强的穿透力，普通的塑胶食品袋无法阻断它香味的穿透，玻璃、金属等密封容器是存放檀香物件最佳的选择，存放时可选在相对温度较低的地方。保持一定的湿度，以缓减檀香醇的挥发。

五、佛珠手串

檀香木佛珠手串是目前最为常见的檀香木工艺品。佩戴手串，是一个人修身养性的体现，选择什么样的手串又体现出一个人的品位。檀香木手串，因其质料的稀缺高贵、具“与圆满的智者相通相契”的佛理特性；再加上檀香木成长周期长蕴涵的油质丰富，显示出通灵的油亮光泽……更为人们所钟爱。从美观上讲，人们通常都希望的光泽能够透亮，焕发出健康的色彩，与寄寓的精气神相吻合。在选定檀香木佛珠手串材质之后，其把玩与保养分外重要，值得特别对待。

檀香木由于它独特的属性不同于任何其他红木的保养，檀香木本身会不断地向表面泌出油质的檀香挥发物质，任何质料的擦拭都会同时带走它泌出的檀香油。历代文人雅士喜欢把玩檀香物件的原因之一，也许就是因为它会使您的身体和衣物都长久的留有檀香的香味。即便衣物被浆洗后。香木饰物挂件的佩戴忌与油、蜡、溶剂、酸性、碱性、化学物品接触。

佩戴檀香木手串是需要极其细心，同时把玩的心态也非常重要。保持耐心既是客观的需要，同时也是通过耐心把玩培养自己温和的心性。在快节奏的生活中时不时地静下心来慢慢把玩手

印度老山檀香顶箱柜　产品提供：永新（四君子）　摄影：张力

中的佛珠，这不失为一种涵养身心的绝好方式，从中也可达到修身养性的目的。总结而言，檀香木手串的把玩既需要充分尊重檀香木的木性，也需要玩主满怀“人性”，这样才能达到物与人的“双赢”。

六、家具

檀香木料珍贵难得。家具需要耗费大量材料的，所以高贵的家具里多是采用镶嵌檀香木雕刻板，既起到画龙点睛的装饰效果，又提升家具的档次水平。

第五章

作品鉴赏

印度老山檀香　渡世三十三观音（图片提供：善人之艺）

印度老山檀香　瑶池集庆（图片提供：善人之艺）

瑶池集庆（局部）

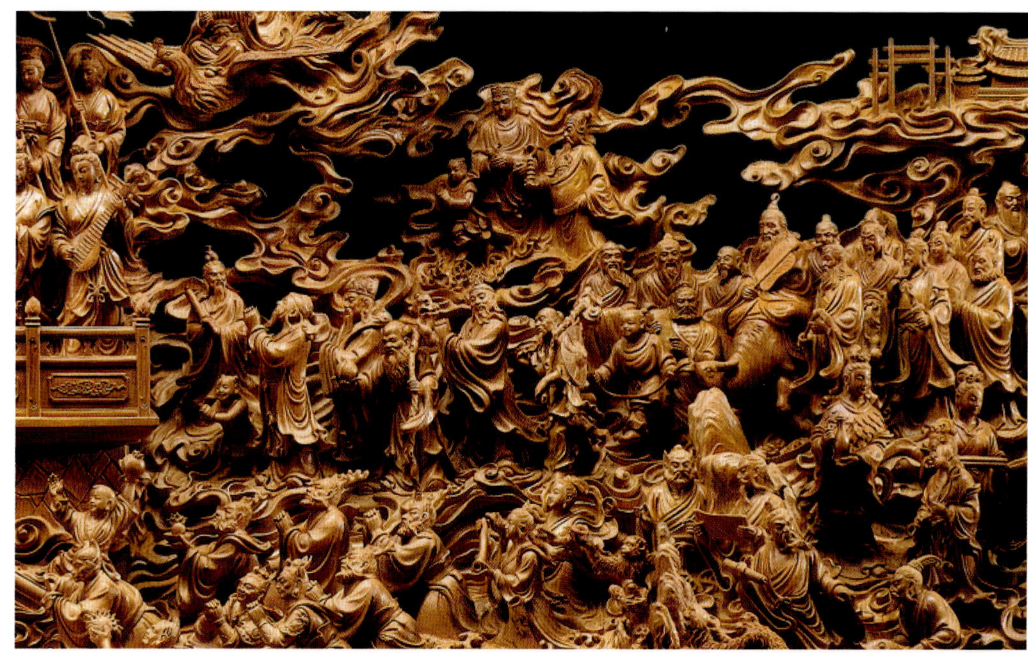

瑶池集庆（局部）

印度老山檀香　海峡和平女神（图片提供：藏云堂）

印度老山檀香　鹤鹿同春（图片提供：朱国政）

印度老山檀香　鹤鹿同春（图片提供：朱国政）

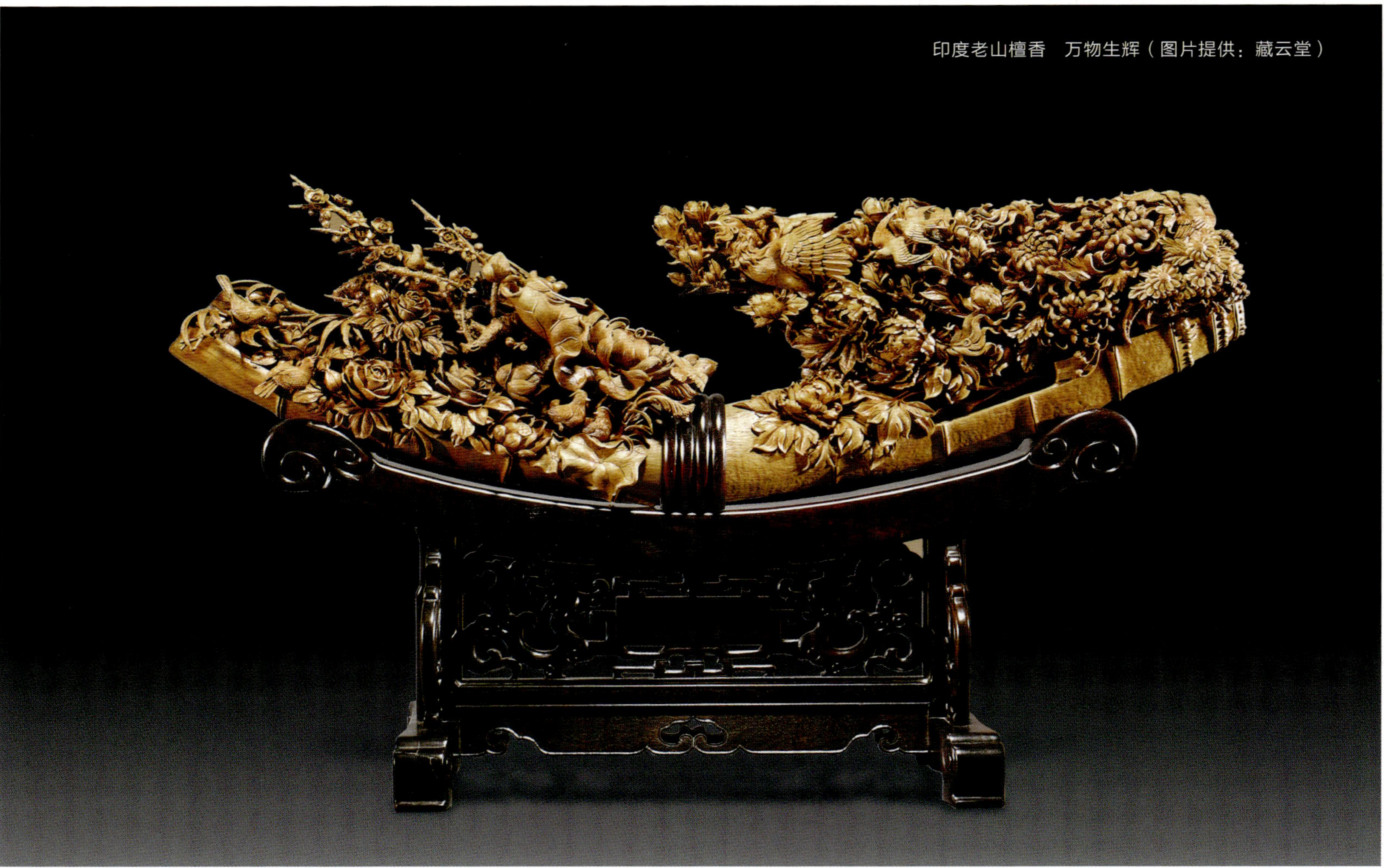

印度老山檀香　万物生辉（图片提供：藏云堂）

印度老山檀香　十八学士等瀛州（图片提供：藏云堂）

印度老山檀香　五龙呈祥（图片提供：藏云堂）

印度老山檀香　佛珠

印度老山檀香 百子戏弥勒（图片提供：祁俊杰）

百子戏弥勒（局部）

百子戏弥勒（局部）

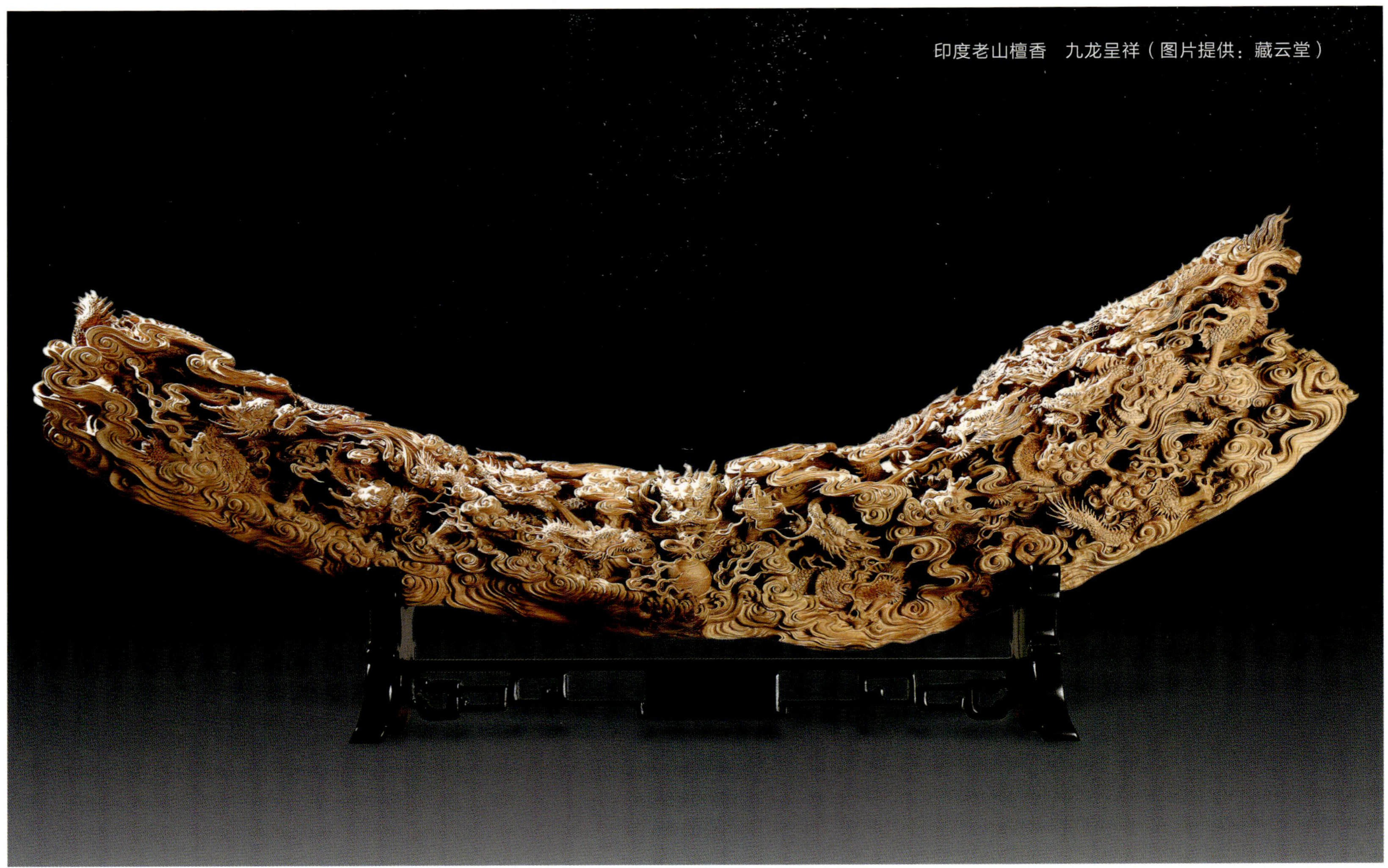

印度老山檀香　九龙呈祥（图片提供：藏云堂）

印度老山檀香　花开富贵（图片提供：藏云堂）

印度老山檀香　岁寒三友（图片提供：藏云堂）

印度老山檀香　五龙如意（图片提供：藏云堂）

印度老山檀香　文人雅士《兰亭序》之三（图片提供：徐秋生）

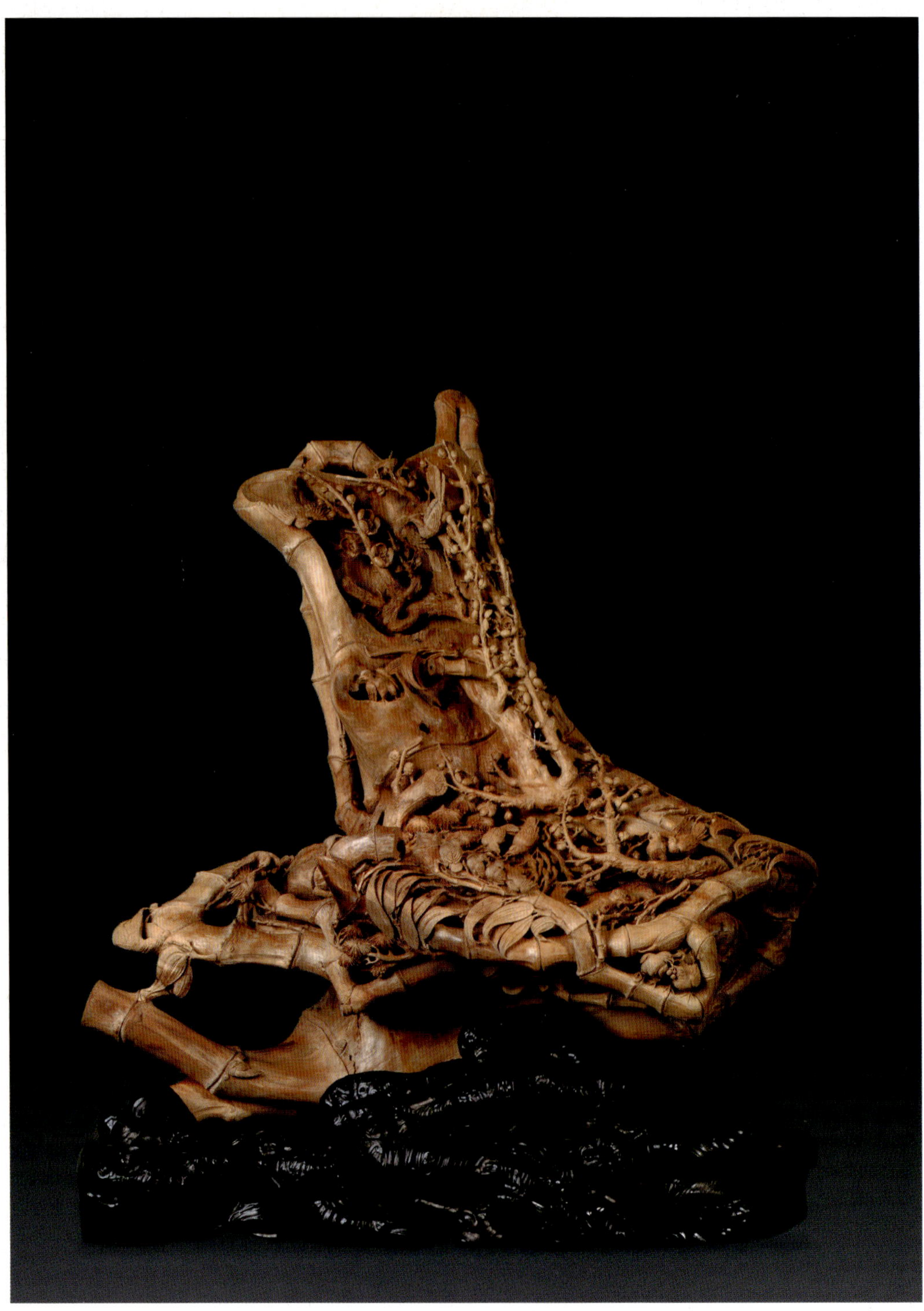

印度老山檀香　太平盛世（图片提供：郑映新）

印度老山檀香　檀香文人雅士《十八学士》之四（图片提供：徐秋生）

印度老山檀香　和谐家园（图片提供：郑映新）

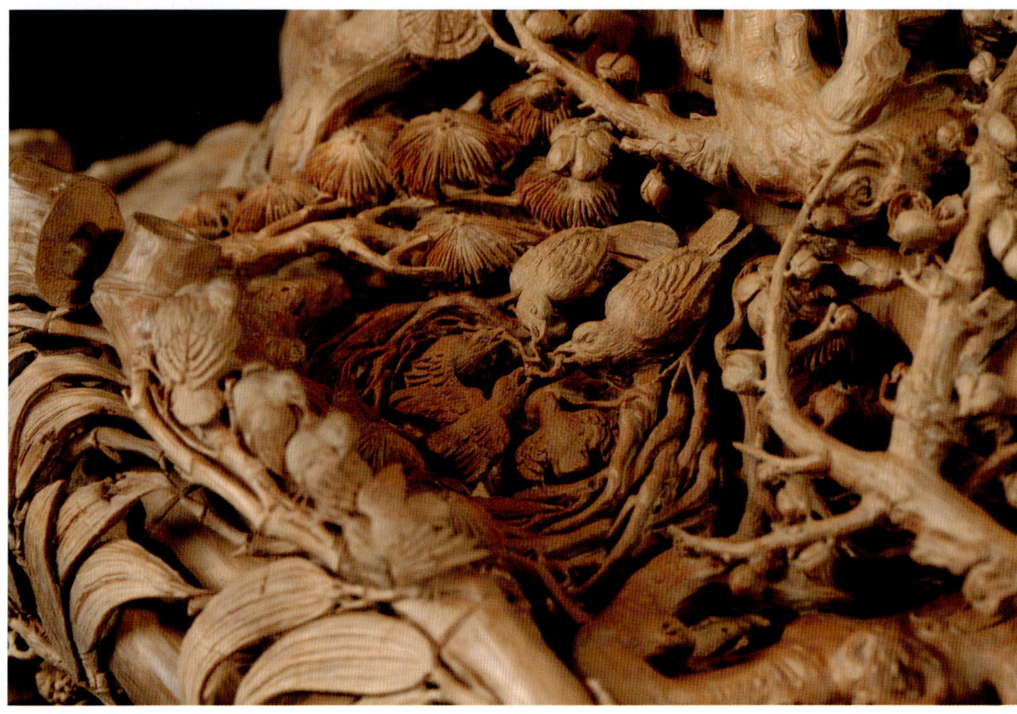

和谐家园（局部）

印度老山檀香　王母祝寿（图片提供：陈文革）

王母祝寿（局部）

印度老山檀香　群仙祝寿（图片提供：藏云堂）

群仙祝寿（局部）

群仙祝寿（局部）

印度老山檀香　岁寒三友（图片提供：善人之艺）

印度老山檀香　十八子弥勒（图片提供：善人之艺）

印度老山檀香 天官赐福（图片提供：善人之艺）